◎锐扬图书／编

环保家居
设计与材料应用 2000例

ENVIRONMENTAL HOME DESIGN AND MATERIAL APPLICATION OF 2000 CASES

HOME DESIGN 客厅

中国建筑工业出版社

图书在版编目（CIP）数据

客厅/锐扬图书编.—北京：中国建筑工业出版社，2011.8
环保家居设计与材料应用2000例
ISBN 978-7-112-13388-8

Ⅰ.①客… Ⅱ.①锐… Ⅲ.①客厅－室内装饰设计－图集②客厅－室内装修－建筑材料－图集 Ⅳ.①TU767-64②TU56-64

中国版本图书馆CIP数据核字（2011）第141417号

责任编辑：费海玲
责任校对：刘梦然　王雪竹

环保家居设计与材料应用2000例
客厅
锐扬图书/编
*
中国建筑工业出版社出版、发行（北京西郊百万庄）
各地新华书店、建筑书店经销
北京锐扬图书工作室制版
北京画中画印刷有限公司印刷
*
开本：880×1230毫米　1/16　印张：6　字数：180千字
2011年12月第一版　　2011年12月第一次印刷
定价：29.00元
ISBN 978-7-112-13388-8
（21131）

版权所有　翻印必究
如有印装质量问题，可寄本社退换
（邮政编码　100037）

环保家居设计与材料应用 2000例
Environmental home design and material application of 2000 cases

Contents 目录

05 简约时尚
客厅的简约时尚风格

- 07   什么是绿色装修
- 09   如何实现绿色装修
- 12   绿色装修的原则是什么
- 15   健康住宅的十五个标准
- 18   居室内环保要特别注意什么
- 21   室内空气的污染源有哪些
- 24   用绿色建材就能做到绿色装修吗

29 温馨格调
营造客厅的温馨格调

- 31   怎样减少室内空气污染
- 33   新装修房如何有效除毒
- 34   活性炭治理室内污染性价比最高吗
- 36   如何鉴别活性炭质量吸附性能
- 41   选购优质的活性炭还需注意
- 44   对室内空气净化有效的植物主要有哪些
- 47   杀菌地板真杀菌吗

Contents 目录

53 个性一族
家居空间装饰设计的个性魅力

55	贴膜的地板环保吗
57	竹地板环保吗
59	怎样选购优质环保的竹地板
60	地板切勿只用一种
63	环保灯具应有哪些特点
66	选购环保灯饰应遵循什么原则
69	客厅环保灯饰应如何选择
72	客厅照明如何设计更健康

77 尊贵大气
豪华贵气的客厅空间设计风格

79	涂料忌有"香味"
81	选购乳胶漆存在哪些环保误区
84	涂料达到国家标准就符合绿色标准吗
87	简易选购环保乳胶漆有妙招
89	为什么水性木器漆更环保
90	怎样选购环保水性木器漆
93	可以忽视腻子的质量吗
96	怎样选购优质环保的腻子

简约时尚

客厅的简约时尚风格

简约时尚风格的客厅设计尤其要注重对装饰细节的把握，在施工上更是要求精工细作。简约风格的装修设计，应尽量减少装修材料的使用量和施工量，重点购买一些环保装修材料和环保家具，从根本上减少由装修所带来的环境污染问题。装修之后有必要委托质量技术监督部门进行室内环境检测，从而营造绿色健康的家居环境。

装饰画　　　纯毛地毯　　　装饰鹅卵石

石膏板造型背景　　　艺术墙贴

装饰壁纸　　　木质搁板

装饰画　　　纯毛地毯　　　装饰壁纸

白色抛光砖　　　木质格栅　　　装饰画

环保知识

什么是绿色装修

绿色装修是以人为本，在环保和生态平衡的基础上，追求高品质生存、生活空间的活动。要保证装修过的生活空间不受污染，在使用过程中不对人体和外界造成污染，这里所说的污染是指空气污染、光污染、视觉污染、噪声污染、饮水污染、排放污染等。简言之，绿色装修应符合下列标准：环保、健康、舒适、美化。

抛光砖　　　　装饰画

仿古地砖　　　　装饰壁纸

装饰画　　　　直纹斑马木饰面

白色乳胶漆　　　　木质搁板

抛光砖　　　　装饰画

白色乳胶漆　　　　石膏板吊顶

Environmental home design and material application of 2000 cases

装饰画　　　　　　直纹斑马木饰面

装饰壁纸　　　　　　纯毛地毯

装饰画　　　　　　石膏板吊顶

复合木地板　　　　　　装饰画

装饰画　　　　　　柚木饰面板

环保知识

如何实现绿色装修

在设计上,力求简洁、实用。尽可能地选用节能型材料,特别是注意室内环境因素,合理搭配装饰材料,充分考虑室内空间的承载量和通风量,提高空气质量。

在工艺上,尽量选用无毒、少毒,无污染、少污染的施工工艺,降低施工中粉尘、噪声、废气、废水对环境的污染和破坏,并重视对垃圾的处置。

在装修材料的选择上,严格选用环保安全型材料,选用不含甲醛的胶粘剂,不含苯的稀料,不含苯的石膏板材,不含甲醛的大芯板、贴面板等,以保证提高装修后的空气质量;要尽量选用资源利用率高的材料,如用复合材料代替实木;选用可再生利用的材料,如玻璃、铁艺件、铝扣板等;选用低资源消耗的复合型材料,如塑料管材、密度板等。

装饰画　　　纯毛地毯　　　装饰壁纸

装饰画　　　纯毛地毯　　　干挂大理石

纯毛地毯　　　艺术玻璃

白枫木饰面板　　　成品石膏雕刻背景

石膏板造型背景　　　装饰画

手绘图案　　　石膏板背景

装饰壁纸　　混纺地毯

实木线条密排　　石膏板吊顶　　纯毛地毯

柚木饰面板　　创意搁板　　装饰画

柚木饰面板　　反光灯带

成品装饰珠帘　　反光灯带　　干挂大理石

装饰壁纸　　布艺卷帘　　装饰画　　　　　装饰画　　反光灯带　　茶色玻璃

木质格栅　　　　装饰画　　　　　　　　装饰画　　反光灯带　　桦木饰面板

仿古砖地面　　　柚木饰面板　　　　　装饰画　　木质搁板　　中空玻璃

混纺地毯　　　　柚木饰面板　　　　　装饰画　　　　　桦木饰面板

Environmental home design and material application of 2000 cases

环保知识

绿色装修的原则是什么

1. 安全第一的原则：对于家装设计的好坏，目前国际上普遍流行用三大标准来衡量，即所谓的三大概念：S(safety)、H(health)、C(comfort)，分别代表的是安全性、健康性、舒适性。任何种类的家装中安全是最基本、最重要的。因为人类生活、生产及享受都必须以延续正常生命为前提。

2. 健康的原则：近几年来，人们对健康越来越重视，并提出了"健康住宅"的概念。所谓"健康住宅"就是让人们的家居有一个对身体健康有利的自然环境，不产生或少产生对身体健康有害的污染，同时能满足特殊人群（残疾人、老人等）的正常使用。一般要做到以下几点：① 确保良好的自然条件；② 建立良好的家居自然环境；③ 防治室内环境污染。

3. 舒适性的原则：这主要取决于它满足人的物质与精神两方面需求的程度。前者就是在功能上满足家庭生活的使用要求，并提供一个使人体感到舒适的自然环境。后者则是创造出一种和家庭生活相适应的氛围，使家居具有一定的审美价值，并且通过联想作用，使其能具有一定的情感价值。

4. 经济性的原则：家居装修与经济有着非常密切的联系。虽然，随着我国改革开放的深入，人民生活水平有了极大的提高，但和发达国家相比还是有一定程度的差距，因此，厉行节约仍是我们进行社会主义建设的重要方针之一。

实木地板　　装饰画

装饰画　　纯毛地毯

石膏板吊顶　　实木造型隔断

纯毛地毯　　石膏板吊顶

马赛克贴面　　仿古砖地面

反光灯带　　　装饰画　　　　　　桦木饰面板　　艺术吊灯　　装饰画

石膏板背景　　反光灯带　　创意搁板　　　　装饰画　　　　茶色玻璃

装饰壁纸　　　混纺地毯　　　　反光灯带　　　　木质格栅

石膏板吊顶　　装饰壁纸

反光灯带　　装饰画

实木造型隔断　　反光灯带　　装饰壁纸

洞石　　反光灯带　　复合木地板

装饰画　　聚酯玻璃　　石膏板造型吊顶　　干挂大理石

石膏板拓缝　　反光灯带　　艺术玻璃

干挂大理石　　米黄大理石　　装饰画

环保知识

健康住宅的十五个标准

根据世界卫生组织的定义，"健康住宅"是指能够使居住者在身体上、精神上完全处于良好状态的住宅，具体标准有：

1. 会引起过敏症的化学物质的浓度低；
2. 为满足第一点的要求，尽可能不使用易散发化学物质的胶合板、墙体装修材料等；
3. 设有换气性能良好的换气设备，能将室内污染物质排至室外，特别是对高气密性、高隔热性的环境来说，必须采用具有风管的中央换气系统，进行定时换气；
4. 在厨房灶具或吸烟处要设局部排气设备；
5. 起居室、卧室、厨房、厕所、走廊、浴室等要全年保持在 17～27℃ 之间；
6. 室内的湿度全年保持在 40%～70% 之间；
7. 二氧化碳要低于 1000ppm；
8. 悬浮粉尘浓度要低于 0.15mg/m^2；
9. 噪声要小于 50dB；
10. 一天的日照确保在 3 小时以上；
11. 有足够照度的照明环境；
12. 住宅具有足够的抗自然灾害的能力；
13. 具有足够的人均建筑面积，并确保私密性；
14. 住宅要便于护理老龄者和残疾人；
15. 建筑材料中不含有害挥发性物质。

创意搁板　　反光灯带

聚酯玻璃　　反光灯带　　装饰画

装饰画　　反光灯带

| 木工板拓缝 | 石膏板吊顶 | 装饰画 | 烤漆玻璃 | 装饰壁纸 |

| 装饰画 | 纯毛地毯 | 直纹斑马木饰面 | 干挂大理石 | 石膏板吊顶 | 装饰壁纸 |

| 密度板拼贴 | 装饰画 | 装饰画 | 反光灯带 | 干挂大理石 |

| 装饰画 | 石膏板吊顶 | 干挂大理石 | 石膏板吊顶 | 米黄大理石地面 | 烤漆玻璃 |

实木造型混漆　　　石膏板背景　　　反光灯带　　　石膏板吊顶

反光灯带　　　柚木饰面板

装饰壁纸　　　反光灯带

反光灯带　　　装饰画

干挂大理石　　　混纺地毯　　　装饰壁纸

环保知识

居室内环保要特别注意什么

1. 合理地计算房屋空间承载量。由于目前市场上的各种装饰材料都会释放出一些有害气体，即使是符合国家室内装饰装修材料有害物质限量标准，在一定量的室内空间中也会造成有害物质超标。

2. 搭配使用各种装饰材料，特别是地面材料，最好不要使用单一的材料。

3. 为买家具和其他装饰用品的污染留好提前量。因为各种污染物可产生叠加，如果装修工程结束时室内有害物质已达国家标准的临界值，那么再购买家具和其他装饰用品，则一定会造成室内污染超标。

反光灯带　　　纯毛地毯　　　装饰画

反光灯带　　　柚木饰面板

反光灯带　　　装饰壁纸

成品布艺窗帘　　反光灯带　　抛光砖地面

实木造型混漆　　　反光灯带

纯毛地毯　　　石膏板拓缝

石膏板拓缝　　反光灯带　　混纺地毯　　装饰壁纸

反光灯带　　装饰画

反光灯带　　石膏板背景

石膏板吊顶　　干挂大理石

釉面砖贴面　　大理石地面

装饰壁纸　　反光灯带　　纯毛地毯

木质搁板　　反光灯带　　装饰壁纸

彩色乳胶漆　　白色乳胶漆　　装饰画

反光灯带　　纯毛地毯　　石膏板背景

干挂大理石　　纯毛地毯　　反光灯带

手绘图案　　反光灯带

装饰壁纸　　抛光砖地面　　艺术玻璃

柚木饰面板　　纯毛地毯　　石膏板吊顶

反光灯带　　　手工绣制地毯　　　装饰壁纸

装饰壁纸　　　混纺地毯　　　中空玻璃

白色乳胶漆　　　复合木地板

装饰壁纸

复合木地板

环保知识

室内空气的污染源有哪些

除了早已为人们所熟知的甲醛污染以外，还有以下几方面的污染会对我们的身体造成伤害。

挥发性有机化合物：常用的装修材料，如油漆、涂料、地板革、壁纸、胶合板、塑料、类聚氯乙烯（PVC）板、保温材料，以及室内人造板材，如大芯板、水曲柳等各种胶合贴面板、密度板的家具和美术作品等，都会释放出挥发性有机化合物。

放射性核素：建材中的放射性核素主要是镭、钍、铀。墙体建筑材料的内外照射指数以花岗石、煤渣砖最高，石灰石、混凝土较低。大理石砖、瓷砖等装修建材放射性水平也较高，瓷砖放射性釉面高于背面。

氡：室内的氡主要来源于地基、室内地面及其周围土壤、岩石、建筑材料、供水和室外空气。

此外，装修材料还会缓慢释放出一些对人体有害的其他化学物质。例如天然石料和陶瓷制品可析出氟化物、硫化物和铅、镍、铬、钴等金属物质，这些析出物可以通过污染饮食、接触皮肤或形成气溶胶而进入人体。

装饰壁纸　　　复合木地板

石膏板吊顶　　桦木饰面板

装饰壁纸　　艺术玻璃　　直纹斑马木饰面板

反光灯带　　烤漆玻璃

装饰画　　石膏板拼贴

石膏板背景　　反光灯带

实木地板　　　茶色玻璃

干挂大理石　　　磨砂玻璃

石膏板背景　　　石膏板吊顶

装饰画　　　水晶吊灯　　　装饰壁纸

装饰画　　　石膏板背景

艺术玻璃　　　水晶吊灯

石膏板背景　　　手工绣制地毯　　　装饰画

艺术墙贴　　　成品装饰珠帘　　　装饰画

时尚简约　温馨格调　个性一族　尊贵大气

环保知识

用绿色建材就能做到绿色装修吗

很多业主都存在这样的错误认识，以为装修使用了环保材料就环保、健康了。装修，即使全部应用环保建材，最后得到的空气质量也可能超标。由于大多数环保建材只是有害物质含量、散发有害气体低于一定标准，并非根本不含有害物质、根本不散发有害气体，加上装修的设计、居室结构、通风状况等因素，由于有害气体的叠加效应，污染叠加其实就是积少成多。以甲醛为例，假设在一套 $80m^2$ 的居室里，使用10张达标的大芯板，也许室内环境中的甲醛含量是合格的，但同样是这套居室，若使用了20张大芯板，那么甲醛含量就会超标。即使全部使用环保建材，一旦过量，就会形成污染。反之，即使无法保证全部使用环保材料，也可能不会出现严重的环境污染，仍然不能保证居室装修后室内空气质量能够环保达标。使用的即使是环保材料，在进入现场后最好对材料进行直接治污处理；外购家具进入室内，业主入住前最好进行室内空气质量检测。如果超标请专业环保公司治理，即使检测或治污后，房子最好也要晾置至少3个月以上时间才入住。

干挂大理石　　复合木地板　　装饰画

成品石膏雕刻背景　　抛光砖地面

彩色乳胶漆　　松木装饰横梁　　装饰壁纸

装饰画　　　密度板拓缝　　　干挂大理石　　　　反光灯带　　　复合木地板

柚木饰面板　　　实木造型隔断　　　　装饰壁纸　　　纯毛地毯　　　装饰壁纸

装饰壁纸　　　实木造型混漆　　　　彩色乳胶漆　　　艺术地毯　　　反光灯带

石膏板背景　　　水晶吊灯　　　装饰画　　　　装饰壁纸　　　混纺地毯　　　装饰壁纸

时尚简约　温馨格调　个性一族　尊贵大气

25　Environmental home design and material application of 2000 cases

装饰画　　反光灯带　　木工板拓缝

装饰画　　纯毛地毯　　抛光砖地面

人造大理石台面　　复合木地板

装饰画　　实木地板　　装饰画

石膏板拓缝　　反光灯带　　装饰壁纸

石膏板背景　　实木造型混漆

烤漆玻璃　　手绘图案

装饰壁纸　　复合木地板　　水晶吊灯

装饰壁纸　　　反光灯带　　　　石膏板背景　成品布艺窗帘　　　装饰画

装饰壁纸　　　装饰画　　　　　白色乳胶漆　　　　　　纯毛地毯

石膏板背景　　　装饰画　　　　反光灯带　　　　　　　柚木饰面板

石膏板拓缝　反光灯带　　装饰画　　白色抛光砖　　　　实木造型混漆

时尚简约　温馨格调　个性一族　尊贵大气

Environmental home design and material application of 2000 cases

干挂大理石　　抛光砖地面　　装饰壁纸

装饰画　　纯毛地毯　　干挂大理石

纯毛地毯　　石膏板拼贴

装饰壁纸　　纯毛地毯　　装饰画

洞石　　实木造型混漆　　石膏板吊顶

柚木饰面板　　石膏板吊顶　　装饰画

装饰壁纸　　水晶吊灯　　白色乳胶漆

反光灯带　　纯毛地毯

温馨格调

营造客厅的温馨格调

　　温馨的家庭环境需要合适的家居布置和装饰，而家居的布置和装饰就是要追求心灵的安宁。健康、舒适、温馨的家居空间首先要保证其温馨、合理的功能特性，然后在此基础上要选择绿色环保型装饰材料进行装修，从而营造轻松、淡雅的整体效果。一个有品位、有格调的环保家居应该充满亲切的生活味道，在这样一个空间中休息，总能让人心情平和、充满暖意，身心都能得到放松。

茶色玻璃　　　成品装饰珠帘

石膏浮雕背景　　　复合木地板

彩色乳胶漆　　　装饰画

装饰画　　　装饰壁纸

装饰画　　　实木造型混漆　　　石膏造型背景

仿古地砖　　　　　装饰壁纸

纯毛地毯　　　　　装饰壁纸

环保知识

怎样减少室内空气污染

通风：预防室内环境污染，首先应尽可能改善通风条件，减轻空气污染的程度。家庭早晨开窗换气应不少于15分钟。

增加室外活动：天气晴好无风时，老人、孩子可到户外适量活动，但应避免在一些大型公共场所长时间逗留。

不人为地降低室内高度：研究证明，房间2.8m的净高有利于室内空气的流动，当居室净高低于2.55m时，不利于空气流动，对室内空气质量有明显影响。

文化石拼贴　　　　彩色乳胶漆

木质搁板　　　　　装饰画

仿古地砖　　　　　木质格栅

装饰壁纸　　　　　抛光砖

反光灯带　　　抛光砖　　　装饰壁纸

反光灯带　　　抛光砖　　　彩色乳胶漆

实木线条混漆　　　装饰画

实木造型混漆

密度板拓缝　　　复合木地板　　　石膏板背景

彩色乳胶漆　　　　　　　装饰画

装饰画　　　　亚光面地砖

装饰画　　　　装饰壁纸

环保知识

新装修房如何有效除毒

1. 开窗通风：这是去除室内空气污染物的有效手段，开窗通风在排污的同时还引入了新鲜空气。

2. 养植物：养植物的目的不仅在于美化环境，还能去除污染。但不能过于依赖绿色植物，绿色植物对于污染物的治理是有选择性的，并且无法达到完全去除的要求。对于氡一类的污染，绿色植物显得无能为力。

3. 活性炭吸附除味：这是近年来兴起的一种室内空气污染治理方法，活性炭的物理吸附原理使其在处理大空间空气污染时效果欠佳，但是在较小的封闭空间，例如柜子、抽屉内部，使用活性炭进行除味还是不错的选择。但活性炭也会逐渐饱和，需要及时更换。

4. 全面使用排毒药剂：合格的化学药剂对甲醛的治理效果立竿见影，对于装修后急于入住的业主是不错的选择，但是要选择质量可靠的产品，还要与其他措施配合使用，因为室内的污染物很可能不止甲醛一种。

5. 空气净化器排毒：目前市面上还有一些可以去除空气中污染物的空气净化器，这些净化器在原理上大多也是使用活性炭或化学药剂，只是增加了一个风机，让空气更快地与活性炭或化学药剂接触，从而提高空气净化的效率。但其原理决定了这种净化器也需要经常更换活性炭或补充化学药剂才能长期有效工作，运行成本较高。空气净化器主要针对空气中的挥发性有机物和异味，对于氡无能为力，加之其运行成本较高，只适合在空气污染不是很严重的房间里作为辅助手段使用。

石膏板吊顶　　　　　　装饰画

环保知识

活性炭治理室内污染性价比最高吗

活性炭是利用优质无烟煤、木炭或各种果壳等作为原料,通过物理或化学方法经过特殊工艺加工的一种炭制品,它具有微晶结构,使其有很大的内表面,有极强的吸附能力,因此被广泛用于空气净化、防毒防护、水处理、溶剂脱色等工业及民用领域。

1. 活性炭是国际公认的吸毒能手,活性炭口罩、防毒面具都使用活性炭。利用活性炭的物理作用除臭、去毒,无任何化学添加剂,对人身体无影响。

2. 喷剂等药物治理易造成二次污染,且可能损坏家具,而活性炭属物理吸附,很安全,对人体无害,对家具有防霉、防腐的作用。

3. 某些产品提倡一次性去除,而家里的毒气的释放是一个缓慢的过程。有时候今天去除了,过几天又有味道了,而且这种产品一般价格不低。而活性炭有效吸附期为3～6个月,刚好与之相匹配。

4. 活性炭采用透气性包装,使用方便,价格较低,在烈日暴晒下可以反复使用,易保存,在密封条件下5～10年不变质。

5. 具有多种用途:鱼缸净水,保藏书画(古籍最怕霉变虫咬),冰箱、卫生间、汽车内部均可以达到消毒除臭等目的。

所以,活性炭在治理室内污染方面是一种性价比较高的产品。

彩色乳胶漆　　　纯毛地毯

密度板拓缝　　实木造型混漆　　装饰画

实木地板　　　装饰画

装饰壁纸　　　水晶吊灯

布艺软包　　　石膏板吊顶

白色乳胶漆　　　装饰壁纸　　　装饰画

柚木饰面板　　　装饰画

装饰壁纸　　　反光灯带

装饰壁纸　　实木造型混漆　　装饰壁纸

木质格栅　　　石膏板吊顶

环保知识

如何鉴别活性炭质量吸附性能

1. 看密度：要想提高活性炭的吸附性能，只需尽可能多地在活性炭上制造孔隙结构，孔隙越多，活性炭越疏松，表现密度也就会越小，因此好的活性炭手感上会比较轻，在同等重量包装的情况下，性能好的活性炭会比劣质活性炭体积大许多。

2. 看气泡：将一小把活性炭投入水中，由于水的渗透作用，水会逐渐浸入活性炭的孔隙结构中，迫使孔隙中的空气排出，从而产生一连串的极为细小的气泡，在水中拉出一条细小的气泡线，同时会发出丝丝的气泡声。这种现象发生得越剧烈，持续时间越长，表明活性炭的吸附性就越好。

3. 看颗粒大小：颗粒不能超过2mm以上。国家标准规定活性炭的颗粒要在20～40目，换算成我们可以理解的单位就是0.5～1.5mm，那些颗粒在2mm以上的活性炭，效果是没有颗粒小的活性炭效果好的。

反光灯带　　　　　　彩色乳胶漆

木质搁板　　装饰壁纸　　　　装饰画

桦木饰面板　　反光灯带　　木质格栅

干挂大理石　　装饰壁纸　　纯毛地毯

木工板拼贴　　石膏板吊顶　　装饰壁纸

反光灯带　　石膏装饰角线　　装饰镜面

红砖饰面　　　　　　石膏板吊顶　　　　　彩色乳胶漆　　　　　木质格栅　　　　　装饰画

水晶吊灯　　　　　　反光灯带　　　　　　干挂大理石　　　　　　　　　　　　反光灯带

石膏板背景　　　　　　　　　　　　　　　　　　　　聚酯玻璃　　　　　　装饰画

中空玻璃　　石膏板吊顶

装饰壁纸　　混纺地毯　　反光灯带

装饰壁纸　　成品布艺窗帘

反光灯带　　豹纹地毯　　装饰壁纸

石膏板拓缝　　反光灯带　　装饰画

装饰画　　　纯毛地毯　　　艺术墙贴

装饰壁纸　　　装饰画

艺术玻璃　　　反光灯带

艺术玻璃　　　反光灯带　　　柚木饰面板

纯毛地毯　　　艺术墙贴

| 胡桃木 | 装饰画 | 装饰壁纸 | 装饰画 |

| 艺术地毯 | 反光灯带 | 装饰壁纸 | 装饰镜面 | 磨砂玻璃 | 白色乳胶漆 |

| 装饰画 | 仿古砖地面 | 白色乳胶漆 | 石膏上角线 | 装饰壁纸 |

| 石膏板吊顶 | 木质窗棂造型 | 纯毛地毯 | 装饰壁纸 |

石膏板吊顶　　　　　　装饰壁纸

石膏板吊顶　　　　　　实木立柱混漆

装饰壁纸　　　水晶吊灯　　　艺术墙贴

环保知识

选购优质的活性炭还需注意

1.活性炭包装最好是密封包装的。因为在空气中或多或少地弥漫着各种有机大分子物质，特别是像刚装修不久的商店或家里的储藏柜里酚醛类物质浓度极大，这些物质都会被活性炭所吸附，日积月累，活性炭的吸附性能会因为吸附了这些物质而降低甚至无法使用。因此越是吸附值高的活性炭越应该采用密封包装以防止活性炭性能被外界干扰。

2.现在市场上出现的假冒活性炭有的是用活性炭的半成品炭化料来冒充，几乎没有任何吸附性能，使消费者受害不浅。炭化料由于没有进行活化造孔的过程，所以表面要比活性炭光洁，且颜色发白，略有金属光泽，手感上要比活性炭硬，且重量也重许多。还有相当一部分的假冒活性炭采用的是劣质原料掺硅藻土烧制，其碳含量极低，大部分为无活性的物质，这种碳颜色相对较白，手感较重，颗粒长度较长，强度也很高，互相碰撞会发出类似陶瓷敲击时的清脆声音，用手掰开会发现断面上有白色细小颗粒。

纯毛地毯　　　　　　装饰画

　　　　　　　　　　　石膏板背景

　　　　　　　　　　　艺术墙贴

装饰壁纸　　　纯毛地毯　　　装饰画

手绘图案　　　纯毛地毯

白色乳胶漆　　　复合木地板

抛光砖地面　　　实木博古架　　　白色乳胶漆

白色乳胶漆　　　纯毛地毯　　　密度板拼贴

纯毛地毯　　　反光灯带　　　装饰画

纯毛地毯　　　反光灯带

装饰壁纸　　　亚光面地砖

装饰画　　　纯毛地毯　　　装饰壁纸

装饰壁纸　　　纯毛地毯　　　装饰画

装饰画　　　米黄大理石

艺术玻璃　　　反光灯带　　　艺术墙贴

装饰壁纸　　　木质格栅

环保知识

对室内空气净化有效的植物主要有哪些

①洋绣球、秋海棠、文竹等在夜间可吸收二氧化碳、二氧化硫等有害物质；②吊兰、非洲菊、金绿萝、芦荟可吸收空气中的甲醛；③铁树、菊花、常春藤可吸收苯的挥发性气体；④龟背竹有很强的吸收二氧化碳能力；⑤扶郎花可吸收空气中的苯；⑥月季能吸收氟化氢、苯、硫化氢、乙苯酚、乙醚等气体；⑦红颧花能吸收二甲苯、甲苯和存在于化纤、溶剂及油漆中的氨；⑧龙血树（巴西铁类）、雏菊、万年青可清除来源于复印机、激光打印机和存在于洗涤剂和胶粘剂中的三氯乙烯；⑨米兰、腊梅等能有效地清除空气中的二氧化硫、一氧化碳等有害物；⑩玫瑰、桂花、紫罗兰、茉莉、石竹等芳香花卉产生的挥发性油类具有显著的杀菌作用；⑪仙人掌等原产于热带干旱地区的多肉植物，在吸收二氧化碳的同时，制造氧气，使室内空气中的负离子浓度增加。

手工绣制地毯　　木质格栅

白色乳胶漆　　发光灯带　　装饰壁纸

反光灯带　　装饰镜面　　干挂大理石　　大理石地面

手工绣制地毯　　艺术玻璃

石膏板背景　　纯毛地毯　　装饰画

实木造型混漆　　艺术墙贴

木质搁板　　彩色乳胶漆

艺术墙贴　　反光灯带

彩色乳胶漆　　装饰壁纸

艺术玻璃　　抛光砖地面　　装饰画　　实木造型混漆　　反光灯带

装饰壁纸　　　纯毛地毯

装饰壁纸　　　手工绣制地毯　　　装饰画

复合木地板　　　成品布艺窗帘

装饰壁纸　　　菱格软包

大理石地面　　　手工绣制地毯　　　装饰画

成品装饰珠帘　　　　石膏板吊顶

材料贴士

杀菌地板真杀菌吗

　　杀菌地板，简单地说就是把一定量的杀菌剂（主要是二氧化钛）添加到地板材料中，经过加工而成的地板。它可以使表面细菌的繁殖受到抑制，进而达到卫生、安全的目的。应该说，杀菌地板在一定的时间内是具有良好的杀菌作用的，如果超过一定的时间，其杀菌作用就会逐渐降低，直至消失。

　　更为重要的是，国内目前根本没有统一的技术检测标准，经销商所说的"杀菌"根本无法检测。而且，这些杀菌地板的功效只针对生活中常见病菌，比如，大肠杆菌和金黄色葡萄球菌等。杀菌作用也只停留在地板表面，而空气中的病菌是很难杀灭的。

　　还有许多商家为了追求一时的利益，浑水摸鱼，大打概念牌，甚至放大所谓的"抗菌功能"，从而误导消费者。如果听信商家的"谗言"选购杀菌地板，这笔支出肯定是盲目的。

仿古砖地面　　　　装饰画

装饰壁纸　　　　装饰画

纯毛地毯　　　　装饰壁纸

装饰壁纸　　　　装饰画

石膏板吊顶　　　　艺术墙贴

木质搁板　　　白色乳胶漆

混纺地毯　　　装饰画

装饰壁纸　　　石膏板吊顶

装饰壁纸　　　白色乳胶漆

马赛克贴面　　　手工绣制地毯　　　白色乳胶漆

反光灯带

磨砂玻璃

钢化玻璃台面

混纺地毯　　艺术墙贴

纯毛地毯　　装饰壁纸

创意搁板　　白色乳胶漆

实木地板　　装饰壁纸

白色乳胶漆　　装饰壁纸

洞石　　装饰壁纸

米色大理石　　成品布艺窗帘

装饰壁纸　　复合木地板

直纹斑马木饰面板　　艺术玻璃　　装饰画

装饰画　　　　　　　　　实木地板

装饰壁纸　　　纯毛地毯

装饰壁纸　　　木质格栅

装饰画　　　马赛克贴面　　　烤漆玻璃

铂金壁纸　　　柚木饰面垭口

柚木饰面板　　大理石地面　　石膏板吊顶

石膏板背景　　马赛克贴面　　成品布艺窗帘

干挂大理石　　反光灯带

成品石膏雕刻

磨砂玻璃　　米黄大理石　　木质格栅

个性一族

家居空间装饰设计的个性魅力

家居的个性时尚风格，一直以来受到人们的关注，这种装修风格实用、时尚，而且装饰性和功能性也很突出。但是在保证视觉享受的前提下，还要注意环保型功能材料的选择和使用。从顶棚到地面，从家居饰品到家具，从装饰材料到色彩的运用，虽然这些都能体现空间的个性，但切忌复杂，因此可以避免过多地使用装饰材料。取而代之地用天然的材料如藤、木、竹，以及手绘DIY同样可以表达空间的设计风格，使人们真正地感受到绿色生活。

环保家居设计与材料应用2000例

装饰壁纸　　　　装饰画

仿古地砖　　　　白色乳胶漆

石膏板拼贴　　　成品实木雕刻

反光灯带　　　　白色地砖

烤漆玻璃　　　　装饰壁纸　　　　木质搁板

贴膜的地板环保吗

所谓贴膜的地板，就是在地板的背面贴铝膜，按照商家的宣传，似乎起到了防潮的作用，但实际上这种贴膜不会起到任何积极的作用，相反，它还会在人们使用过程中阻碍地板本身的正常伸缩及水分平衡。另外，因为那层膜是用胶粘上去的，也增加了甲醛释放量。

艺术墙贴　　　　装饰壁纸

白色乳胶漆

艺术墙贴　　　　实木地板

成品装饰珠帘　　　　石膏板造型背景

白色乳胶漆　　　　实木地板

复合木地板　　　　艺术玻璃

白色乳胶漆　　　　大理石地面

纯毛地毯　　复合木地板

纯毛地毯　　创意搁板

石膏板造型背景　　装饰画

实木造型混漆　　艺术地毯

纯毛地毯　　木质格栅

竹地板环保吗

竹地板的原料多为天然优质楠竹，再将其进行严格的不含任何药剂的蒸煮、碳化等特殊工艺处理后，利用高温、高压固化胶合而成。竹地板的色差非常小，主要是因为竹子的生长半径比树木小，受日照的影响不严重，所以没有明显的阴阳面反差，由新鲜毛竹加工而成的竹地板便具有了美观度好、纹理通直、色调高雅、硬度高且有弹性、质感细腻、耐水、不发霉、膨胀系数小、冬暖夏凉等优点，可为居室平添许多的文化氛围。在森林面积日益减少的今天，以竹代木还是很符合环保要求的。

装饰壁纸　　　　　石膏板吊顶

仿古砖地面　　　　石膏板背景

抛光砖地面　　　　反光灯带

反光灯带　　　　　艺术玻璃

装饰壁纸　　纯毛地毯　　装饰画

复合木地板　　　　石膏板吊顶

装饰壁纸　　反光灯带　　装饰画

装饰壁纸　　反光灯带

柚木饰面板　　混纺地毯

烤漆玻璃　　复合木地板

混纺地毯　　实木造型混漆

装饰画　　艺术地砖

装饰壁纸　　纯毛地毯　　仿古砖地面

装饰壁纸　　仿古砖地面

干挂大理石　　　反光灯带

亚光面地砖　　　马赛克贴面

石膏板镂空造型　　　石膏板背景

实木造型混漆 ……………………

复合木地板 ……………………

材料贴士

怎样选购优质环保的竹地板

1. 色泽：本色竹地板色泽金黄；碳化竹地板为古铜色或褐色，颜色均匀而有光泽感。两者均没有明显的色差。

2. 油漆质量：将地板置于光线较明亮处，看其表面是否有鼓泡、针孔、皱皮、漏漆、粒子等现象，同时注意漆面的丰厚、饱满和平整程度。

3. 材质：将地板拿在手中，如果感觉较轻，说明原料为嫩竹；仔细查看地板的纹理，模糊不清表明原材料不新鲜；检查竹材上是否有虫孔、霉变等情况。

4. 粘合程度：用两手掰一块地板，如果不出现分层，说明地板层与层间的胶合较为紧密，质量上乘。

5. 加工精度：随意抽取几片地板，放于平整面上，榫、槽拼合后，不得有拼接离缝现象。

6. 包装：优质产品的包装标识比较规范，厂名、厂址、电话、生产许可证号、产品等级等标注详细。

7. 宽窄：竹地板越窄，其所受内应力就越小，稳定性也就越高，因此，竹地板的宽度不宜超过125mm，表板的厚度不宜超过4mm，地板的总厚度不宜超过15mm。

8. 含水率：竹地板一定要把含水率控制在8%以内，这样会增加地板的稳定性。

材料贴士

地板切勿只用一种

地板一般有人造板、复合板和地砖等多种类型，单一使用一种有可能导致某一种有害物质超标。比如实木地板虽说是最环保的，但有油漆，可能造成苯污染；复合地板含甲醛，只用这一种甲醛就容易超标了。建议客厅铺瓷砖，卧室、书房用实木地板，搭配使用对健康最有利。尤其需注意的是，地板下别铺大芯板，否则也易致甲醛严重超标；瓷砖一定要选A级产品，其有害物质量符合国家标准，方可在室内使用。

装饰画　　　　　　　实木地板

白色乳胶漆　　　　　手绘图案

装饰镜面　　　石膏板吊顶

实木造型混漆　　　　干挂大理石

创意隔断　　　反光灯带

手绘图案

复合木地板

纯毛地毯　　　装饰壁纸　　　艺术玻璃　　　纯毛地毯

纯毛地毯　　　抛光砖地面　　　彩色乳胶漆　　　装饰画

石膏板拼贴　　　石膏板吊顶　　　创意搁板

实木地板　装饰画

石膏板吊顶　手绘图案

混纺地毯　干挂大理石

装饰画　实木造型混漆　大理石地面

石膏板吊顶　装饰壁纸

反光灯带　柚木饰面板

创意搁板　白色乳胶漆

装饰壁纸　白色乳胶漆

混纺地毯　　　　　艺术墙贴

木质隔断　　　　　装饰画

混纺地毯　　　　　手绘图案

装饰壁纸　　　　　装饰画

艺术墙贴　　　　　反光灯带

材料贴士

环保灯具应有哪些特点

环保的灯具首先要工作电压低，耗电量少，性能稳定，寿命长（一般为10万小时），抗冲击，耐振动性强。没有红外和紫外的成分，显色性高并且具有很强的发光方向性；调光性能好，色温变化时不会产生视觉误差；冷光源发热量低，可以安全触摸；改善眩光，减少和消除光污染。零频闪，不会使眼睛产生疲劳现象。无电磁辐射，杜绝辐射污染，保护大脑。提供令人舒适的光照空间，又能很好地满足人的生理健康需求，是环保的健康光源。长期使用可保护视力，预防近视。在挑选灯具时，优质光源是绿色照明的基础。优质光源应具有以下三个方面的特征。

1．光谱成分中应没有紫外光和红外光。长期过多接受紫外线，不仅容易引起角膜炎，还会对晶状体、视网膜、脉络膜等造成伤害。红外线极易被水吸收，过多的红外线经过人眼晶状体聚集时即被大量吸收，久而久之晶状体会发生变性，导致白内障。

2．光的色温应贴近自然光。人们长期在自然光下生活，人眼对自然光适应性强，视觉效果好。

3．灯光为无频闪光。普通日光灯的供电频率为50赫兹，表示发光时每秒亮暗100次，属于低频率的频闪光，会使人眼的调节器官处于紧张的调节状态，导致视觉疲劳。如果发光时的频率提高到数百、数万赫兹以上，人眼即不会有频闪感觉。

彩色乳胶漆　　装饰画　　混纺地毯

装饰壁纸　　纯毛地毯　　装饰画

手绘图案　　装饰画

仿古砖地面　　手工绣制地毯

手绘图案　　水晶吊灯

| 反光灯带 | 艺术墙贴 | 装饰壁纸 | 胡桃木饰面板 |

| 石膏板背景 | 实木造型混漆 | 混纺地毯 |

| 石膏板吊顶 | 复合木地板 | 艺术墙贴 | 纯毛地毯 | 白色乳胶漆 |

| 复合木地板 | 金属线条隔断 | 石膏板吊顶 | 装饰画 |

时尚简约　温馨格调　个性一族　尊贵大气

选购环保灯饰应遵循什么原则

1. 注意灯饰色彩的协调，即冷色和暖色要视用途而定。
2. 灯饰要与房间的面积和高度相适应。
3. 灯具必须符合房间整体的装饰风格。
4. 灯光的照射方向和光线的强弱要合适，以免造成眼睛疲劳，也不利于实现绿色家居。
5. 灯具的重量应在墙壁的承重能力之内。

彩色乳胶漆　　　大理石地面　　　装饰壁纸

白色乳胶漆　　　　　　装饰壁纸

装饰画　　　混纺地毯　　　装饰壁纸

反光灯带　　　　石膏板背景

布艺窗帘　　　　　　彩色乳胶漆

装饰壁纸　　　中空玻璃

仿古砖地面　　　实木造型混漆

装饰镜面　　　　抛光砖地面　　　　白色乳胶漆

实木地板　　艺术墙贴　　　　烤漆玻璃　　　　纯毛地毯

创意搁板　　彩色乳胶漆

装饰壁纸　　　　磨砂玻璃

装饰壁纸　　抛光砖

装饰画　　装饰壁纸

彩色乳胶漆　　纯毛地毯　　手绘图案

装饰壁纸　　混纺地毯　　装饰画

手绘图案　　装饰画

装饰画　　石膏板拓缝

胡桃木搁板　　反光灯带

石膏板背景　　装饰画

复合木地板　　　装饰画

客厅环保灯饰应如何选择

客厅适宜以大方明亮的吊灯或吸顶灯为主灯，同时搭配其他一些辅助的壁灯、筒灯、射灯等。选购主灯饰时，如果客厅的高度超过3.5m，可以选用档次高、规格尺寸稍大一些的吊灯或吸顶灯；如果客厅的层高在3m左右，应选用中档豪华型吊灯；如果层高在2.5m以下，最好放弃安装吊灯而使用装饰性吸顶灯。

艺术墙贴　　　木工板拼贴

装饰画　　　装饰壁纸

装饰画　　　复合木地板

装饰画　　混纺地毯　　艺术墙贴

米黄大理石　　　石膏板背景

艺术墙贴　　　　木质搁板

实木线条密排　　实木地板　　白色乳胶漆

装饰画　　　　混纺地毯

混纺地毯　　　石膏板吊顶　　手绘图案

艺术墙贴　　　实木造型混漆

装饰壁纸　　　艺术吊灯

纯毛地毯　　　石膏板拓缝

桦木饰面板　　装饰壁纸　　实木造型混漆

白色乳胶漆　　实木造型混漆　　石膏板拓缝

复合木地板　　手绘图案

实木造型混漆　　石膏板吊顶

亚光面地砖　　手绘图案

密度板拓缝　　创意搁板

木质格栅　　抛光砖地面　　装饰画

仿古砖地面　　装饰画

纯毛地毯　　艺术墙贴

设计贴士

客厅照明如何设计更健康

客厅是家中最大的休闲、活动空间，要求明亮、舒适、温暖。一般客厅会运用主照明和辅助照明的灯光交互搭配，来营造空间的氛围。主照明常见的有吊灯或吸顶灯，使用时需注意上下空间的照度要均匀，否则会使客厅显得阴暗，使人不舒服。另外，也可以在客厅周围增加隐藏的光源，比如吊顶的隐藏式灯槽，让客厅空间显得更为高挑。

客厅的灯光多以黄光为主，光源色温最好在2800～3000K。也可考虑将白光及黄光互相搭配，借由光影的层次变化来调配出不同的氛围，营造特别的风格。

客厅的辅助照明常见的有落地灯和台灯，它们是局部照明以及加强空间造型最理想的器材。沙发旁边茶几上放盏台灯，最好光线柔和，有可能的话最好用落地灯做阅读灯。不过，落地灯虽然方便移动，但电源可不是到处都有，电线到处牵扯也不好看，所以落地灯的位置最好也相对固定在一个较小的区域。

成品装饰珠帘　　装饰画　　白色乳胶漆

复合木地板　　石膏板吊顶　　装饰壁纸

仿古砖地面　　　　金属线条隔断

青砖饰面　　反光灯带　　装饰画

艺术墙贴

抛光砖地面

纯毛地毯　　　　实木地板　　　　木质格栅

木质搁板　　纯毛地毯

木质上角线　　抛光砖地面

艺术墙贴　　抛光砖地面

铂金壁纸　　筒灯

装饰壁纸　　混纺地毯　　装饰画

装饰壁纸　　水晶吊灯　　艺术墙贴

反光灯带　　石膏板背景

实木地板　　彩色乳胶漆

艺术墙贴　　反光灯带　　白色乳胶漆

装饰壁纸　　反光灯带　　装饰画

装饰画　　纯毛地毯　　干挂大理石

实木地板　　木质搁板

柚木饰面板　　纯毛地毯　　反光灯带

石膏板背景　　纯毛地毯　　装饰画

石膏板背景　　创意搁板

装饰镜面　　装饰壁纸　　白色乳胶漆

木质搁板　　石膏板吊顶

Environmental home design and material application of 2000 cases

装饰壁纸　　　装饰画　　　反光灯带

装饰画　　　纯毛地毯　　　石膏板拓缝

装饰壁纸　　　聚酯玻璃　　　复合木地板

纯毛地毯　　　柚木饰面板

纯毛地毯　　　艺术墙贴

尊贵大气

豪华贵气的客厅空间设计风格

大空间的居室要体现出尊贵大气的装饰风格，在装饰材料和家具的使用上就要更加注意。在装修时一定要选择购买符合国家有害物质限量标准的材料，而且施工越复杂，各种功能空间和造型越多，工程量也就越大，使用的主材和辅材就越多，即便是全部使用符合室内装饰装修材料有害物质限量标准的装修材料，施工后装修成品也可能造成室内环境污染。这样就需要在入住之前进行环境检测和一些后期的处理，来保证居室空间的空气质量和居住环境，进一步营造健康环保的客厅空间。

反光灯带　　装饰画　　装饰壁纸　　亚光面地砖

洞石　　装饰壁纸　　装饰镜面

装饰壁纸　　聚酯玻璃

石膏板吊顶　　　　　纯毛地毯

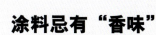

涂料忌有"香味"

涂料选择不当的危害在于，它含有苯等挥发性有机化合物以及重金属。市场上有部分伪劣的"净化"产品，通过添加大量香精去除异味，实际上起不到消除有害物质的作用。因此，买涂料最好选择没有味道的，使用前应打开涂料桶，亲自检查一下：一看，看有无沉淀、结块或严重的分层现象，若有则表明质量较差；二闻，闻着发臭、刺激性气味强烈的不好；三搅，用棍轻轻搅动，若抬起后，涂料在棍上停留时间较长、覆盖较均匀，则表明质量较好。进行墙面涂饰时，还要注意基层的处理，禁止使用107胶，也别用调合漆或清漆，否则会造成甲醛和苯双重污染。

装饰壁纸　　　　　纯毛地毯

装饰壁纸　　　　　纯毛地毯

艺术壁纸　　　　　铂金壁纸

装饰壁纸　　　　　艺术地毯

装饰画　　　　石膏板吊顶　　　　装饰玻璃

反光灯带　　　　　　　　茶色玻璃

装饰壁纸　　　　　　　　木质窗棂造型

红松木装饰横梁　　　　　成品布艺窗帘

反光灯带　　　　　　　　装饰镜面

装饰画　　　　　　反光灯带　　　　　　柚木饰面板

胡桃木　　　　　密度板拓缝

反光灯带　　　　创意搁板

装饰画　　　　　装饰壁纸

实木造型混漆　　手工绣制地毯

选购乳胶漆存在哪些环保误区

误区一：一线品牌宣传得多的，不一定是最好的

不论是一线品牌还是二线品牌，不论是国际品牌还是地方品牌，只要是达到了一定规模的乳胶漆厂，生产的乳胶漆符合《室内装饰装修材料 内墙涂料中有害物质限量》GB 18582—2008，大可放心选购；如果选用通过 ISO 9001 国际质量认证和 ISO 14001 环境管理体系认证的正规企业的产品，更不用提心吊胆。

误区二：价格越高并不意味着性能越好

根据试验结果显示，并非价格越高，性能指标越好。市场上乳胶漆的价格差别较大，每升价格从 7～117 元不等。以价格最高的每升 117 元样本和每升 63.5 元的样本相比较，环保性、遮盖能力、耐污渍性、耐霉菌性等各项性能的测试结果并没有太大的区别。而部分单价相差较大的两种商品，在性能指标比较上也是各有优劣。

误区三：包装好的乳胶漆并非一定就行

我们选购乳胶漆时总会看它的包装，这肯定是对的，但不一定包装好的就一定不错。除了看它的包装还应该看它的环保检测报告。一般乳胶漆的正面都会标注名称、商标、净含量、成分、使用方法和注意事项。各品牌乳胶漆标注的保质期 1～5 年不等，尽可能购买近期生产的产品。一般品牌乳胶漆都有环保检测报告或检测单。消费者看清楚检测单，能对乳胶漆的环保性能有一个详细的了解。检测报告对 VOC、游离甲醛以及重金属含量的检测结果都有标准。国家有关 VOC 控制的法规规定，即强制性国标《室内装饰装修材料 内墙涂料中有害物质限量》(GB 18582–2008) 的各项有害物质限量指标，该标准规定水性墙面涂料 VOC ≤ 120g/L，水性墙面腻子 VOC ≤ 15g/kg，游离甲醛 ≤ 100mg/kg。

误区四：盲目听信承诺

有的厂商为了销售自己的产品，故意夸大自己的产品性能，例如产品的质保期，产品的功能等。不要过于迷信一些厂家宣传的技术指标，只要是符合国家标准的产品，能适合您在施工、颜色方面的需要，就能对您的家居墙体起装饰美化作用。

实木线条密排　　成品布艺窗帘　　彩色乳胶漆　　柚木饰面板

布艺软包　　石膏板吊顶　　胡桃木　　反光灯带

反光灯带　　大理石地面　　实木线条密排　　装饰壁纸　　抛光砖地面

布艺软包　　反光灯带　　艺术玻璃　　艺术玻璃　　柚木饰面板

艺术玻璃　　　　干挂大理石　　　　反光灯带　　　　胡桃木

柚木饰面板　　胡桃木上角线　　装饰镜面　　　纯毛地毯　　　黑色大理石

反光灯带　　　　抛光砖地面　　　　艺术玻璃　　　　纯毛地毯

装饰画　　　　木质格栅　　　　装饰壁纸　　　　反光灯带

Environmental home design and material application of 2000 cases

涂料达到国家标准就符合绿色标准吗

虽然市场上的乳胶漆均已符合国家标准，但涂料行业的国家标准（内墙涂料的VOC含量要求不高于200g/L）只是室内装修装饰材料进入市场的准入标准，是最基本的质量要求，并不是绿色环保产品的标准（VOC含量不得高于100g/L）。事实上，在达到国家标准的内墙涂料中，只有10%～20%的产品能够获得环境标志认证，即达到绿色标准。更为重要的是，达到国家标准和绿色标准的涂料，依然含有可挥发性的有毒物质，只是其含量非常小，少量使用不会危害人体健康。

装饰画　　　中式隔断　　　干挂大理石

干挂大理石　　　纯毛地毯　　　装饰壁纸

成品实木雕刻　　　实木造型混漆

反光灯带　　　石膏花式角线

木质窗棂造型　　　青砖饰面

反光灯带　　　干挂大理石

大理石饰面　　　　装饰画

装饰壁纸　　　　混纺地毯

胡桃木角线　　反光灯带　　干挂大理石

白色乳胶漆　　纯毛地毯　　黑白根大理石

皮革软包　　亚光面地砖　　实木造型混漆

装饰壁纸　　　　纯毛地毯

纯毛地毯　　　　茶色玻璃

洞石　　　　铂金壁纸

纯毛地毯　　　　　大理石地面

装饰画　　　　　干挂大理石

反光灯带　　　　　装饰壁纸

艺术玻璃　　　　　石膏板吊顶

复合木地板　　　　实木造型混漆

聚酯玻璃　　　　　装饰壁纸

实木地板　　　　　装饰画

彩色乳胶漆　　反光灯带　　干挂大理石

纯毛地毯　　　　　　干挂大理石

材料贴士

简易选购环保乳胶漆有妙招

1. 查看产品标识：一般品牌乳胶漆都有环保检测报告或检测单。检测报告对VOC、游离甲醛以及重金属含量的检测结果都有表示。这些必须符合国家强制性国标《室内装饰装修材料 内墙涂料中有害物质限量》（GB18582-2008）的各项有害物质限量指标。

2. 闻气味：打开盖后，真正环保的乳胶漆应该是水性无毒无味的，所以用户在闻味时如果有刺激性气味或工业香精味，都不是理想选择。一段时间后，正品乳胶漆的表面会形成很厚的有弹性的氧化膜，不易裂，而次品只会形成一层很薄的膜，易碎，具有辛辣气味。用木棍将乳胶漆拌匀，再用木棍挑起来，优质乳胶漆往下流时会成扇面形。

3. 用手摸：正品乳胶漆应该手感光滑、细腻。乳胶漆涂刷到墙面上，用湿布擦拭，正品的颜色光亮如新，而次品由于凝结和耐水性差，轻轻一抹，就会褪色。

白色乳胶漆　　　　　　密度板拓缝

抛光砖地面　　　　　　密度板拓缝

木质窗棂造型　　　　　　装饰字画

干挂大理石

米黄大理石

木质窗棂造型　　　反光灯带

装饰画　　　石膏板吊顶

茶色玻璃　　　纯毛地毯

混纺地毯　　　石膏板吊顶

洞石　　　实木造型混漆　　　石膏板吊顶

石膏板吊顶　　　干挂大理石

白色乳胶漆　　　木质窗棂造型

皮革软包　　　反光灯带

皮革软包　　　　　混纺地毯

纯毛地毯　　　　　洞石

木质窗棂造型　　　米黄大理石

环保知识

为什么水性木器漆更环保

1. 毒性：由于水性木器漆具有超低的VOC含量，是真正无毒无味的高科技环保产品。而硝基漆与聚酯漆添加了有机溶剂，其产品中含有苯、甲苯、二甲苯及其衍生物，所以，聚酯漆的毒性是最高的，而硝基漆的毒性则次之。

2. 可燃性：水性木器漆采用了水代替有机溶剂，其产品具有安全不可燃的特点。大大地减少了生产、流通环节的危险因素。而硝基漆和聚酯漆中含有的苯、二甲苯、丙酮、溶剂汽油、天拿水等都是属于高度易燃的物品。

3. 刺激气味：水性木器漆采用了水代替有机溶剂，其产品在涂刷的时候，不会产生任何刺激气味。而硝基漆与聚酯漆含有机溶剂，都会在涂刷和干燥的过程中挥发到空气中去，直接刺激人体的感觉器官。

4. 漆后入住时间：水性木器漆具有涂刷遍数少，快干、易涂，没有配漆后的时间限制，涂完即可以入住。而硝基漆和聚酯漆由于其有机溶剂都会在干燥的过程中挥发出有害的气体。所以，使用硝基漆和聚酯漆装修的房子，一般都不可以涂完后直接入住，需要等待一段隔离时间。

柚木饰面板　　　　反光灯带

聚酯玻璃

混纺地毯

Environmental home design and material application of 2000 cases

怎样选购环保水性木器漆

1. 购买水性木器漆之前，要清楚自己的需要，然后根据实际需要选择相适应的水性木器漆。

2. 货比三家，重点考虑产品的品牌知名度、质量、价格、包装及售后服务。

3. 查看产品的质量检测报告、环保证书、生产日期等相关信息。

4. 产品外观上一般标注有水性或水溶性字样，使用说明中也会标明可以直接加清水进行稀释的字样。而假冒的水性木器漆，由于添加了溶剂成分，是不能用清水稀释的。

5. 以丙烯酸与聚氨酯的合成物为主要成分的水性木器漆，一般呈浅乳白色或半透明色；纯正的聚氨酯水性木器漆呈半透明浅黄色。

6. 无异味是水性木器漆最为明显的特点，水性木器漆在开盖后，只有很少的气味，其中还略带点油脂芳香。低档的水性木器漆则具有较强的刺激性溶剂的味道。

成品石膏浮雕　　石膏板吊顶

装饰画　　成品布艺窗帘

抛光砖地面　　布艺软包

复合木地板　　装饰壁纸

成品实木雕刻

大理石地面

复合木地板　　　石膏板吊顶

干挂大理石　　　胡桃木立柱

实木线条密排　　　艺术地毯

艺术玻璃　　　石膏波浪板

石膏板吊顶　　　干挂大理石

实木线条隔断　　　铂金壁纸

柚木饰面板　　　装饰壁纸

白色乳胶漆　　　木质窗棂造型

实木造型混漆　　实木地板　　　　　反光灯带　　　　皮革软包

文化石拼贴　　米黄大理石　　直纹斑马木饰面板　　反光灯带　　　　装饰壁纸

洞石　　　　　　　反光灯带　　　　　　柚木饰面板

材料贴士

可以忽视腻子的质量吗

很多人认为，腻子是要被乳胶漆或其他面层涂料遮盖住的，谁都看不见它，所以往往并不关心腻子的质量。同时，消费者大多不了解腻子，更无法判断腻子的质量，往往选购到劣质产品。装修时一旦使用了劣质产品，就容易出现墙面起皮、开裂和脱落等现象。

一般来说，腻子可分为两种：成品腻子和现场调配腻子。

成品腻子是指厂家加工好的腻子，大多为干粉状，用纸袋或塑料编织袋包装，其质量受到两个标准制约：《建筑室内用腻子》（JG/T3049-1998）和《室内装饰装修材料 内墙涂料中有害物质限量》（GB18582-2001）。

现场调配腻子是指在施工现场用双飞粉、熟胶粉、胶水等材料人工调配而成的腻子，也是家庭装修过程选用最多的腻子。

复合木地板　　　　装饰画

装饰画　　纯毛地毯　　木质格栅

亚光面地砖　　　　石膏板吊顶

装饰壁纸　　　　马赛克贴面

亚光面地砖　　　　反光灯带

纯毛地毯　　　　装饰画

装饰壁纸　　　　实木造型混漆

艺术地毯　　　　木质窗棂造型

石膏板吊顶　　　米黄大理石

装饰画　　　　抛光砖

装饰壁纸　　手工绣制地毯　　装饰画

白色乳胶漆　　纯毛地毯　　干挂大理石

反光灯带　　　　装饰画

复合木地板　　　装饰壁纸

复合木地板　　装饰画　　干挂大理石　　石膏板吊顶

反光灯带　　实木造型混漆　　大理石地面　　石膏板背景

实木造型混漆　　实木地板　　马赛克贴面　　抛光砖地面

柚木饰面板　　桦木饰面板　　装饰壁纸　　艺术玻璃

纯毛地毯　　　柚木饰面板

反光灯带　　　石膏板吊顶

镜面吊顶　　　石膏板吊顶

石膏异形吊顶　　马赛克贴面　木质窗棂造型　纯毛地毯　　反光灯带

怎样选购优质环保的腻子

为了能让消费者买到质量可靠的墙基层处理材料——腻子，在此介绍4种选购腻子的方法：

1. 看包装：质次产品通常为小企业制造，产品上不会有《建筑室内用腻子》（JG/T3049–1998）字样。大厂家的优质产品都是通过检测的，包装上肯定有明显的"达标"标识。

2. 摸样板：样板能够让人更直观地看到产品效果，只要用手擦一擦，划一划，通常就能判断出产品的档次。

3. 要报告：产品的检验报告是产品质量的最好证明，目前还没有免检产品，如果经销商拿不出检验报告，产品多为不达标产品。

4. 检验出厂日期：注意查验产品的出厂日期和质量检测报告的发放日期，一般情况下，超过1年的产品质量就会下降很多，而质量检测报告的发放日期超过1年也就会成为自动作废的无效报告。

装饰壁纸　　　石膏板吊顶